La Matérialité de la Pensée

*Pourquoi est-il si difficile
de l'accepter ?*

Patrick Jégo

Mais il vient toujours une heure dans l'histoire où celui qui ose dire que deux et deux font quatre est puni de mort. L'instituteur le sait bien. Et la question n'est pas de savoir quelle est la récompense ou la punition qui attend ce raisonnement. La question est de savoir si deux et deux, oui ou non, font quatre.

Albert Camus – La Peste

1

La matérialité de la pensée est un sujet qui est devenu d'actualité en raison des progrès réalisés en imagerie médicale et pour les traitements de lésions du système nerveux. Grâce à des technologies de plus en plus performantes on repère les régions du cerveau qui sont excitées lors d'une pensée. Par l'installation d'appareillages sophistiqués il est possible de permettre à une pensée de déclencher des contractions musculaires chez des personnes dont l'innervation du muscle a été interrompue par une lésion ou une section. La matérialité de la pensée est désormais admise par la majorité des scientifiques s'occupant de neurosciences même si pour eux également cela ne va pas sans poser des questions en raison de notre culture.

Il ne sera pas débattu ici longuement de la matérialité en elle même. Aujourd'hui on peut aisément se procurer dans des revues scientifiques ou de vulgarisation des documents lisibles et compréhensibles par tous. Il sera débattu des raisons qui freinent notre acceptation de cette matérialité.

Pour ceux qui souhaitent s'informer de manière graduelle des nouvelles connaissances sur le cerveau, rejoindre l'excellent site de l'Université Mc Gill (Montréal -Canada)   Le cerveau à tous les niveaux

lecerveau.mcgill.ca/

Trois catégories principales d'obstacles sont à analyser.

1- La complexité du système nerveux.

2- Le support de la pensée que sont les mots et leur éloignement du réel au cours des siècles.

3- La sensation que nous ne sommes pas maîtres de toutes nos pensées.

2

Lorsque les hommes ont posé la question de savoir où était le siège de la pensée plusieurs réponses différentes sont apparues selon les époques et la représentation culturelle de cette pensée : foie, cœur, entrailles, épiphyse, tête et individu en entier etc..

Il est probable que les hommes ont souvent recherché (sans le dire obligatoirement) un signal ou des signaux marquant la présence de la pensée. Le cœur a été (et est toujours) un candidat de choix dans la mesure où nous ressentons physiquement à ce niveau des sensations différentes selon les émotions. Une joie (ou un bonheur), une peine (ou un malheur) produiront une variation particulière du rythme cardiaque et une sensation globale d'oppression au niveau de la région cardiaque. Ainsi « le cœur » continue toujours à être utilisé pour désigner un « centre » de la joie, de la peine mais aussi de la générosité et de l'altruisme parce-que cette région anatomique (physiologiquement il faudrait élargir à la région gastrique et thoracique) nous envoie des signes clairs ressentis à l'occasion de pensées et d'émotions.

Pensées et émotions ne sont pas à confondre selon certains. Cela dépend en effet de la définition donnée aux mots. Cependant il ne sera pas contesté que l'angor ressenti dans le thorax à l'évocation de la mort d'un proche résulte bien d'une pensée.

Où naît la pensée et quels sont les mécanismes physiques qui la constituent ?

A ces deux questions, les neurosciences du XXIème apportent des réponses claires.

Concernant le lieu, la pensée est exclusivement une manifestation des cellules nerveuses ; dans la vie courante ce fait est lui aussi très clair puisque on admet aujourd'hui que c'est « la tête » qui pense et malgré quelques expressions approximatives comme « faire travailler les méninges », c'est le cerveau constitué de cellules nerveuses (neurones) qui est selon l'expression souvent utilisée « le siège » de la pensée.

En ce qui concerne le fonctionnement des neurones les neurosciences apportent également des réponses claires mais cette fois il n'y a pas de contextualisation simple dans la vie courante.

Les signaux nerveux sont de courtes modifications électriques causées par des transferts d'ions.

Ils sont modulables par des substances appelées neurotransmetteurs (ou neuromédiateurs).

La première phrase descriptive des signaux nerveux (transferts d'ions) est incompréhensible au non spécialiste car nous n'avons aucun témoin sensible de l'activité nerveuse qui pourrait nous aider intuitivement. Aucun de nos organes de sensibilité n'est affecté consciemment par le passage des signaux nerveux. Les seules informations que l'on reçoive proviennent de récepteurs à la douleur excités lors d'un dysfonctionnement (exemple : cellules nerveuses - ou leurs prolongements, les nerfs - subissant une inflammation ou une compression).

On a, en revanche, une certaine connaissance intuitive de l'effet des neuromédiateurs dans la vie courante au travers de l'action des médicaments utilisés pour soigner des maladies du système nerveux et par les effets des « drogues » qui sont toutes des substances qui augmentent ou diminuent l'action des neuromédiateurs et sont capables de modifier les pensées.

La matérialité de la pensée peut être montrée sans qu'on ait besoin de bien connaître sa nature physico-chimique. Si l'électro-encéphalographie reste pour tous assez mystérieuse, les techniques récentes de visualisation des régions du cerveau qui « travaillent » lorsqu'on pense à quelque chose sont très facilement compréhensibles. « Travailler » pour un neurone signifie dépenser de l'énergie, augmenter légèrement sa température et par exemple consommer plus de glucose. Détecter les variations de ces facteurs (et d'autres selon les techniques utilisées-par exemple le débit sanguin-) permet de voir que chaque pensée a un « territoire » bien particulier dans le cerveau ; il s'agit non pas d'un « centre » en général mais d'un ensemble de neurones organisés en réseau.

Les représentations obtenues ainsi par imagerie médicale sont magnifiques et s'améliorent chaque jour.

Toutefois, ces clichés pourraient être considérés comme non contradictoires avec l'idée que se font certains philosophes de la pensée : « la pensée dériverait selon eux du cerveau mais serait comme un chapeau posé sur la tête par rapport au cerveau » suggérant qu'elle serait une émanation de l'activité des neurones mais ne serait pas elle-même cette activité.

L'existence de mécanismes électriques de faible intensité peu saisissables par nature n'est probablement pas étrangère à cette vision.

Les autres catégories d'expériences menées chez des personnes qui ont perdu une activité motrice (amputation ou paralysie) sont très démonstratives : en plaçant des outils appropriés (électrodes très perfectionnées...) sur le crâne ou sur le nerf résiduel, il est possible de contrôler des muscles sous l'effet de pensées. Dans ces expérimentations, la pensée est clairement exprimée puis relayée par des phénomènes électriques.

Être capable de passer une commande par la pensée en n'utilisant que des supports et courants électriques pour pallier une carence fonctionnelle est la preuve la plus simple de la matérialité de la pensée.

Notons un aspect très important : au départ du cerveau, une pensée va correspondre à la mise en activité d'un ensemble de neurones (une sorte de carte) tandis qu'au niveau de la cible de la décision (motricité d'un muscle par exemple), il va s'agir d'un territoire très restreint, éventuellement un seul nerf contrôlant un seul muscle. A ce niveau restreint de l'arrivée, la pensée de départ est très matérielle pour tous puisqu'il s'agit d'influx nerveux facilement enregistrables et remplaçables par une stimulation par électrodes. La matérialité de la pensée ne s'est pas construite en cours de route ; elle existait déjà dans le travail des neurones en réseaux mais elle est moins facilement accessible à notre compréhension à ce niveau qu'en périphérie (bien qu'on puisse aussi mesurer des phénomènes électriques correspondant aux influx nerveux dans le cerveau en plaçant les dispositifs d'électrodes appropriés).

En ce qui concerne les pensées qui n'entraînent pas de réponse motrice (quand nous « réfléchissons » par exemple) l'imagerie médicale montre que ce sont exactement les mêmes régions neuronales qui sont excitées que lorsque la même pensée est suivie d'une réponse motrice. Il n'est pour s'en persuader qu'à regarder un exemple (parmi d'autres) de la vie courante : un sauteur en hauteur répète mentalement son saut éventuellement en ayant des mouvements manuels de faible amplitude avant de s'élancer. Ces pensées « raccourcies » peuvent générer d'autres pensées qui elles-mêmes ….etc... Deux phénomènes compliquent le « tableau » de notre ressenti : la conscience et les mémoires nerveuses. Nous n'en parlerons pas pour ne pas complexifier la discussion.

Le travail des neurones présente un inconvénient majeur pour sa compréhension : tous les signaux nerveux sont identiques quel que soit le neurone et on peut même élargir quelle que soit l'espèce animale. Ainsi du ver de terre à l'homme les neurones émettent toujours les mêmes signaux appelés « influx nerveux ». Impossible donc de reconnaître une pensée par la qualité du signal nerveux.

En outre, mais c'est moins grave pour la compréhension, les influx nerveux ont toujours la même intensité ce qui pourrait laisser supposer qu'il n'existe pas de gradation ; ici la raison est simple et comparable à ce dont nous avons tous entendu parler avec la radio : la gradation est exprimée non pas en intensité des influx mais en fréquence (on parle, comme pour la radio d'une modulation de fréquence).

La discrimination qualitative se fait en fonction des neurones concernés, en fonction de la région du cerveau qui travaille. Lorsqu'un neurochirurgien doit enlever une tumeur au niveau du cerveau, il va prendre des précautions pour ne pas enlever de tissu sain. Ceci se fait couramment en stimulant légèrement la zone où il opère et en demandant au patient ce qu'il ressent. Que les personnes sensibles se rassurent ce n'est absolument pas douloureux. Pour prendre des exemples simples, si la stimulation est faite à l'arrière du cerveau le patient va voir des « bulles » de différentes couleurs ; si c'est dans la région temporale il va entendre des sons divers. La qualité des sensations, des émotions et des pensées dépend du lieu des neurones qui travaillent. Cette réalité esquissée depuis très longtemps (cf De Broca) prend une singulière importance aujourd'hui ce qui explique l'explosion des recherches en imagerie médicale sur le cerveau.

Si on avait eu des vecteurs de pensée qui contenaient en eux mêmes des « concentrés » de pensée l'aspect matériel de ces pensées aurait été évident. Ce n'est pas le cas : en capturant un signal nerveux on ne saura rien de ce qu'il représente tant qu'on n'aura pas déterminé d'où il vient et où il va.

Cette dépendance de la pensée par rapport à la topographie est un obstacle majeur à sa compréhension intuitive. Elle accrédite sans aucun doute possible le sentiment intuitif souvent partagé selon lequel la pensée est globale à l'ensemble de l'individu.

3

Le lien entre les mots et les pensées a été évoqué depuis longtemps. Freud qui a « inventé » la psychanalyse parle de l'importance des lapsus ; Lacan va beaucoup plus loin (dans ses entretiens – peu d'écrits) dans la relation entre les mots et le psychisme.

Tout le monde accepte l'idée qu'il existe une relation particulière entre les mots et les pensées dans l'espèce humaine. Des auteurs de littérature intitulent certains de leurs écrits « des pensées » et en sens inverse le « ce qui se conçoit bien s'énonce clairement » est une invitation à bien choisir ses mots pour préciser ses pensées.

Avant d'avancer dans le cheminement historique des mots, la question se pose de savoir s'il peut y avoir une pensée sans mots ?

Oui sans le moindre doute : les aveugles pensent (mais c'est vrai ils ont accès au langage oral), les sourds-muets pensent mais ne peuvent exprimer ces pensées que par mimiques et langue des signes. Quand nous rêvons la nuit ou quand on cherche à se remémorer un épisode de sa vie, des mots arrivent mais aussi des images.

Beaucoup de chercheurs pensent que les animaux pensent en « images ».

On peut très bien concevoir (même si l'idée n'est pas très répandue) qu'il y ait des pensées visuelles, auditives, olfactives (et gustatives) et tactiles.

Pour la majorité des pensées dans l'espèce humaine les mots sont des supports. Or ces supports verbaux ont subi de grandes variations au cours de notre histoire. Le langage oral a varié mais il faut être grand spécialiste pour en suivre les mouvements puisqu'il n'existe pas de trace matérielle directe du langage oral passé (même le latin qui n'est pas très éloigné dans le temps pose problème quant à sa prononciation dans l'empire romain).

Le langage écrit a laissé des traces peu nombreuses mais durables qui ont été étudiées depuis deux siècles environ.

Les « premiers pas » de l'écriture ont été réalisés en Mésopotamie et en Égypte. Les auteurs s'accordent à penser que ces deux pays sont à l'origine de l'écriture moderne avec, selon les sensibilités et les connaissances, une prépondérance pour l'une ou l'autre de ces deux régions du Moyen-Orient.

Ainsi Hiéroglyphes égyptiens et Cunéiformes sumériens seraient les premières expressions connues de ce qu'on nomme « écriture ».

En pays de Sumer (Mésopotamie), vers -3000 avant notre ère apparurent les premiers dessins figuratifs sur tablette (reliés à l'écriture par les spécialistes) que l'on ait trouvés. Ils ont été réalisés sur de l'argile humidifiée puis séchée (ce qui a permis leur conservation).

Les chercheurs ont pu retrouver le contexte général dans lequel ces dessins furent effectués : le plus souvent il s'agit d'une situation commerciale. La numération des objets était à cette époque chose courante (numération sur une « base » 60) ; on savait écrire les nombres et il semble que les premières utilisations de dessins figuratifs aient été réalisées en vue de préciser la nature des objets échangés par le commerce. Ainsi si des chèvres étaient commercialisées on dessinait une tête de chèvre ; si c'était du blé on dessinait un épi de blé. Quand on voit aujourd'hui ces dessins (datant de 5000 ans) on reconnaît immédiatement l'objet du commerce.

Quelques siècles plus tard (vers -2400) pour une raison pas complètement connue (mais qui pourrait être technique). Les hommes ont utilisé un outil d'écriture commun – un stylet – faisant des « coins » (d'où le nom de cunéiforme) sur un support commun – une tablette en argile – ; ceci pourrait avoir facilité la rapidité de cette sorte « d'étiquetage » des marchandises. L'utilisation des cunéiformes va progressivement produire des dessins de plus en plus stylisés peut-être en raison de la plus grande rapidité d'exécution.

Les chercheurs n'ont pu comprendre la signification de ces cunéiformes que grâce à de très longues et minutieuses études de contextualisation et de filiation. Si on observe en même temps les dessins de -650 et ceux de -3000, on saisit bien la filiation grâce aux travaux de ces auteurs. En revanche, les scribes de -650 n'avaient pas le tableau de correspondance sous les yeux et n'acquéraient la connaissance de la signification des dessins que par apprentissage. Les chercheurs ont d'ailleurs retrouvé des tablettes utilisées par les élèves-scribes.

Si au départ il y avait une représentation très descriptive (concrète) des objets par l'écriture, ensuite celle-ci est devenue tellement stylisée (on peut dire abstraite) qu'il était impossible de la comprendre sans avoir précédemment « appris par cœur » les dessins (à noter que cette expression fait référence à l'utilisation du cœur comme organe de l'intelligence). Ainsi très tôt dans l'histoire de l'homme, l'écriture a quitté ses habits descriptifs pour utiliser un code connu uniquement par ceux qui auront fait l'effort de l'apprendre (sans comprendre).

Le grand pas suivant dans la naissance de l'écriture moderne fut l'invention de l'alphabet. Cette entreprise fut menée à bien en Phénicie en -1500 avant notre ère. A partir de dessins réalistes égyptiens (hiéroglyphes) on est arrivé aux dessins de lettres qui n'ont plus de valeur représentative à elles seules mais qui prennent un sens dans l'association avec d'autres lettres. Le pas réalisé est encore plus grand que précédemment avec les cunéiformes car il va permettre à l'alphabet de servir de support écrit à plusieurs langues parlées. La prononciation sera différente selon le pays (phonétique) ; le sens (sémantique) sera lui aussi différent selon le pays mais des outils communs d'écriture (les lettres de l'alphabet) seront utilisés. Et pourtant, on est parti d'un dessin « concret », réaliste (une tête de bœuf inversée pour le A par exemple) pour arriver à un dessin abstrait (le A) qui ne prendra pas la même signification selon l'association de lettres à laquelle il appartient et selon le pays.

Comme moi, j'imagine que vous avez appris à lire (quelle que soit la méthode – syllabique, globale ou semi-globale -) sans connaître l'origine de nos lettres alphabétiques et surtout en ignorant complètement qu'elles proviennent de dessins représentant des objets concrets. La distance parcourue en 5000 ans est considérable. Tellement grande qu'on a oublié et, pour nous « les modernes », ignoré le plus souvent qu'un tel lien pouvait exister. Les étymologistes ont gardé un réflexe d'aller chercher le sens d'un mot dans les ancêtres de ce mot ; mais ils ne remontent pas à – 3000..

L'apprentissage du langage parlé lors de la petite enfance ou lors de l'apprentissage d'une seconde langue est fait de répétitions de sons associés à des objets ou des actions. Tout comme pour le langage écrit, on apprend « par cœur » les mots que nos parents ou enseignants associent à des objets ou des images représentatives d'objets. Le mimétisme est très important dans la petite enfance.

La perte de relation simple entre la pensée et la matière concrète ressentie par nous tous pourrait résulter d'une symbolisation progressive de cette pensée en raison de son inféodation aux mots. Tout comme les mots ont perdu le lien initial au concret pour prendre des significations codées, les pensées semblent avoir une autonomie par rapport au matériel ce qui les fait classer hâtivement immatérielles alors que tel n'est pas le cas.

Le support des pensées est déconnecté de la réalité via une succession de codages dont on a oublié l'existence. Cet aspect, à lui seul, rend compte d'une grande part de l'immatérialité apparente des pensées.

Lorsque ce sont des images, des odeurs ou des musiques qui nous viennent en pensée, elles semblent déjà plus matérielles car leurs supports perçus intuitivement sont matériels.

Il n'est pas inutile de rappeler que l'apprentissage de mots communs à un groupe d'individus va permettre de les échanger – et donc d'échanger des pensées – avec compréhensions réciproques (ce qui n'est pas possible avec des images, des odeurs ou des sons sauf après cryptage en mots). Les animaux ont des échanges entre eux. Peu d'humains les comprennent. Ces échanges sont en tout état de cause apparemment moins subtils que dans l'espèce humaine. En énonçant cela je ne dis pas que nous sommes plus intelligents (au sens d'être capables d'affronter des situations nouvelles) que nos cousins animaux ; nous avons un cerveau plus développé et surtout avons multiplié par un immense coefficient les possibilités de ce cerveau en mettant des mots sur nos pensées.

Certains ont vu une différence tellement essentielle entre l'homme et les autres animaux qu'ils ne considèrent plus les hommes comme des animaux.

Dans le chemin de l'évolution il ne faut pas confondre distance et rupture...

4

Il existe des moments où nous avons la difficile impression de « recevoir » des pensées qui nous viennent de l'extérieur. Deux situations vont être discutées : les rêves et l'état de relaxation.

Les rêves ont toujours intrigué les êtres humains et ils participent à leur culture car beaucoup de rêves accèdent à la mémorisation qui les traitera par la suite au même titre que les informations reçues à l'état éveillé. Beaucoup de recherches ont été effectuées pour comprendre l'intérêt des rêves sur notre physiologie. Ce n'est pas cet aspect qui retiendra ici notre attention.

Le contenu des rêves présente tout à la fois une certaine continuité dans le récit qu'ils racontent et beaucoup d'invraisemblances.

Des personnes vivantes de notre entourage peuvent y intervenir mais également des morts.

Pour les vivants, les tableaux vus pendant les rêves et les paroles entendues pourront être marquants pour le rêveur notamment s'ils sont très différents de ce qu'il a l'habitude de rencontrer chez ces vivants.
L'étrangeté alertera.

Pour les morts la surprise sera encore beaucoup plus forte. Ce sont souvent des proches qu'on a beaucoup aimés (parents, enfants) qui interviennent dans les rêves donnant un volume émotionnel particulièrement dense à tout ce qu'ils disent.

Du chamanisme à Freud en passant par l'ange Gabriel, les rêves ont toujours impressionné les hommes. Les messages reçus par le rêveur ne sont jamais pris à la légère et celui-ci met toujours un certain temps après le réveil pour rejoindre le réel.

Chez nos ancêtres, les rêves étaient pris le plus souvent très au sérieux : les « esprits » des morts utilisaient selon eux ce canal pour venir conseiller les vivants. Difficile pour une personne extérieure de discuter des rêves de quelqu'un ; elle n'est pas dans son intimité.

Si le parent mort fait preuve de bienveillance dans le rêve le rêveur en sera ragaillardi au réveil ; en revanche des reproches ou des menaces pourront l'angoisser. « L'esprit » des morts est extrêmement puissant dans toutes les sociétés humaines. Des rêves (ou songes) ont constitué le cœur de nombreux morceaux de bravoure littéraires.

Si les rêves sont très souvent étranges, les personnages rencontrés sont le plus souvent connus et il n'est pas difficile d'envisager qu'ils proviennent de la mémoire du rêveur.

Les va-et-vient entre mémoire(s), vie éveillée et rêves sont troublants. C'est un fait constaté mais pas général. Les scientifiques ont pu voir à ce propos que les voies nerveuses excitées lors d'un rêve dont le rêveur se souvient sont différentes de celles utilisées pour un rêve non mémorisé. Ceci peut sembler secondaire ; ce n'est pas le cas car si la mémoire s'encombrait en plus de rêves inaperçus, les réactions ultérieures de l'individu pourraient en être affectées sans qu'il ait pu en prendre conscience ni même connaissance.

Si les rêves sont étranges et si certains ont souvent été interprétés comme un échange avec nos morts, les « personnages » qui y participent ne sont pas inconnus du rêveur. Il en va différemment lors de visions que l'on peut avoir dans un état de relaxation éveillé.

Ces visions sont très personnelles et subjectives.
Faisons parler un personnage, Claude :

« Un soir, alors que le sommeil tardait à venir, des images se présentèrent spontanément à lui. Elles n'avaient aucun rapport simple avec les activités de la journée ce qui le troubla. Il ne s'agissait pas de rêves puisqu'il était éveillé. Il pouvait commenter ces images et s'en émerveiller.

Le lendemain et les jours suivants il se coucha plus tôt en espérant avoir plus de temps à consacrer à cette nouvelle activité. Mais l'opération ne marchait pas tous les soirs. Il comprit vite qu'il fallait beaucoup de relaxation pour faire émerger les images.

Quand il était bien détendu, deux grandes catégories de situations se présentaient sur son « écran personnel » (c'est à dire le champ visuel apparent lorsque les yeux sont fermés).

Dans le premier cas, d'une nébuleuse grisâtre non uniforme émergeait un point tantôt blanc, tantôt noir et, s'il se concentrait sur ce point, il se sentait aspiré dans un tunnel dans lequel il se déplaçait à grande vitesse pour déboucher parfois sur des prairies ou des forêts extrêmement apaisantes ; il regardait à gauche puis à droite le magnifique paysage qui défilait sous ses yeux. Quelques rares fois il s'endormait avant la sortie du tunnel mais le plus souvent il pouvait séjourner pendant plusieurs dizaines de minutes dans les prairies très douces et rassurantes.

Dans le second cas (qui l'intrigua beaucoup plus) un décor très embrouillé formé de lueurs, de traits brillants, de dessins au départ inqualifiables laissait brutalement apparaître un visage, un cheval, une hache etc. . La variété des objets l'émerveillait. Leur apparition subite et impossible à contrôler le troublait.

Quand il s'agissait de visages, très souvent c'était un défilement de formes différentes où parfois, à sa surprise, il reconnaissait les traits (ou une partie des traits) d'un proche. Mais les visages se transformaient très vite et pour la majorité d'entre eux, il était incapable d'y associer le moindre souvenir.

Pour faire « tout seul » une contre-expérience, il essaya de faire venir des images décidées par lui. Ce fut impossible sauf à passer de l'état de relaxation à un état de forte concentration et encore l'objectif n'était pas atteint plus d'une fois sur dix. Quand cela arrivait, il voyait ce qu'il avait décidé de se remémorer sans jamais de surprise.

Ces aspects spontanés et inconnus le troublèrent énormément. Cela venait bien de son cerveau. Et pourtant le plus souvent, il était incapable d'identifier les objets et notamment les visages. Quand il réussissait, à de rares occasions à identifier une image fugace, celle-ci ne tardait pas à laisser place à une image inconnue.

Comment des images qu'il ne connaissait pas pouvaient-elles naître dans son cerveau ?

Avec les mois, les images spontanées se transformèrent en s'enrichissant : quand les visages apparaissaient, les lèvres remuaient et sans entendre le moindre son, Claude pouvait parfois lire sur ses lèvres ce que le visage disait. Quand il parlait par les lèvres, le visage ne parlait pas spécialement à Claude ; il disait généralement des banalités qui ajoutaient à l'étrangeté de la situation car ces banalités n'avaient, elles non plus, rien à voir avec ce à quoi Claude avait pensé ou entendu dans la journée.

Le fossé entre les deux personnages se creusait : le spectateur comprenait ce que disait le visage mais ne le reconnaissait pas comme émanant de lui-même. Et pourtant tout venait de son cerveau !! »

Et pourtant tout venait bien de son cerveau !!

L'apparition spontanée d'images apparemment inconnues est très troublante ; elle donne l'impression que l'extérieur est capable de pénétrer dans notre cerveau à notre insu ; que des « forces », des « esprits » nous envahissent.

Dans certaines maladies mentales le processus est tellement puissant qu'il peut déstabiliser la personne qui ne sait plus qui elle est entre « les voix » qu'elle entend, les « images » qu'elle voit. Elle peut perdre la raison face à ces pensées parasites qui l'assaillent. Mais Claude, le personnage évoqué, n'est pas malade ; l'intrusion de ces « images spontanées » l'interroge comme elle doit tous nous interroger, je pense..

Ce phénomène constaté par maintes personnes a rarement été décrit dans la littérature sauf dans un cas très célèbre : René Descartes ne peut pas imaginer que des pensées belles et pures puissent venir de lui. Il donne sa solution : c'est Dieu qui lui parle et il en fait un argument pour prouver l'existence de ce dernier.

Il est vraiment très difficile de décerner intuitivement le qualificatif de « matériel » à ces événements non contrôlés que sont les rêves et les « images spontanées ». Et pourtant il s'agit de pensées élaborées dans notre cerveau et ces pensées, comme les autres, sont bien matérielles.

Pour les rêves il n'y a pas ou peu d'intrusions étrangères. Ce sont ces dernières qui posent le plus de problèmes et accréditent le plus facilement une hypothèse « d'esprits baladeurs ».

D'où pourraient venir ces pensées ou images qui nous semblent étrangères ?

Beaucoup de scientifiques s'occupant de neurosciences ont recherché et décelé des comparaisons entre le système nerveux et le système immunitaire.

Dans la réaction immunitaire, contrairement à l'idée intuitive que l'on peut avoir notamment en pensant à la vaccination, les cellules immunitaires ne confectionnent pas la protection (les anticorps) à partir de rien (*ex nihilo* diraient les latinistes).

Ces cellules possèdent spontanément un éventail très large de matériaux susceptibles de bloquer l'intrus (l'antigène). Pour être plus précis il existe un éventail de cellules immunitaires différentes qui possèdent chacune un matériau différent.

Au contact de l'antigène une catégorie de cellules va être sélectionnée (celle qui a le matériau le plus efficace) et le processus de vaccination va consister à provoquer une multiplication de ces cellules efficaces. Ainsi quand un « vrai » intrus se présentera il y aura beaucoup de cellules portant les anticorps adaptés pour le neutraliser.

Pour les cellules nerveuses dont le nombre varie peu au cours de la vie on peut imaginer que dès la vie fœtale et périnatale se forment des assemblages, des circuits, des réseaux proposant spontanément des pensées et des comportements.

Parmi ceux-ci (qui seraient innés), seront ensuite « choisis » ceux qui s'adaptent le mieux aux situations externes rencontrées. Ceux qui sont « choisis » seront rapidement renforcés par ce qu'on appelle « la facilitation » ou « l'habituation ». Ces mots désignent tout simplement ce qui se passe quand on reproduit plusieurs fois un même acte. Il devient de plus en plus rapide et quasi-automatique.

Cette hypothèse présente une ressemblance avec « la théorie de la compétition des affordances » proposée par P. Cisek. Le mot anglais affordance peut être traduit (sommairement) par « potentialité ». Lorsqu'un problème se pose à nous, selon cette théorie la réponse du système nerveux se fait en deux temps. En premier lieu les différentes potentialités sont confrontées au problème (pour passer de l'autre côté d'un muret on peut chercher un passage, sauter par dessus le mur etc..). De cette compétition de solutions il en sortira une « plus valable » que les autres (exemple : si le passage est trop étroit cette solution sera rejetée etc...). Et c'est seulement en second lieu que la décision sera prise au niveau du cerveau. La théorie des affordances présentée ici apparaîtra bien squelettique pour les spécialistes ; toutefois la démarche de présentation de l'antigène à la cellule immunitaire et celle de la présentation du problème au système nerveux ont en commun de ne pas créer de phénomène nouveau mais de choisir entre des phénomènes préexistants.

La force du système nerveux ne se manifeste pas uniquement par un nombre de neurones mais surtout par l'importance des réseaux établis (liaisons nommées synapses entre les neurones) qui ont eux des propriétés de plasticité et de flexibilité immenses tout au long de la vie.

Selon l'hypothèse avancée le système nerveux offrirait des choix possibles parmi lesquels la pertinence pour affronter l'environnement ferait un tri. Il resterait alors comme des vestiges non utilisés : ces « images spontanées » ou « pensées spontanées » qu'on peut voir en situation de grande relaxation et qui nous semblent étrangères.

Vestiges n'est d'ailleurs probablement pas le mot correct : il s'agirait plutôt d'images « bloquées » par tous nos systèmes d'inhibition qui sont nombreux à l'état éveillé.

      C'est un phénomène bien connu en neurosciences : dans le cerveau on a spontanément beaucoup d'excitations (le neuromédiateur le plus abondant dans le cortex, l'acide glutamique, est excitateur) mais peu de ces cellules exercent leur action car elles sont inhibées (notamment par un autre neuromédiateur, le GABA).

      Regardez un bébé de 3 à 4 mois. Il ne parle pas encore. Pourtant il s'exprime très bien soit par des pleurs quand il a faim ou quand il est mal à l'aise, soit en souriant et en « gigotant » des jambes et des bras quand il se sent bien et est rassuré.

      Quand on a une pensée, ce sont les mêmes réseaux neuronaux qui sont excités si la pensée déclenche une action motrice ou si elle « reste » non exprimée extérieurement participant ainsi à ce qu'on appelle l'activité mentale. Il faut souligner combien pensées et comportements sont liés. Ce qu'on nomme communément une pensée (parce qu'elle ne « quitte » pas la tête) est toujours le début d'un comportement moteur comme le montrent les clichés d'imagerie médicale.

Le bébé pense et exprime sa peine ou sa joie avec les outils dont il dispose. Chez lui au moins une grande partie de ses pensées aboutira à des actes moteurs. Très vite il essaiera de mimer ses parents par des « areuh » puis toujours en mimant ses parents et son entourage il accédera au langage verbal.

A trois mois il ne possède pas encore les outils des mots et pourtant ses pleurs, sourires et mouvements des bras et jambes prouvent qu'il pense. La « collusion » entre pensées et mots n'interviendra que plus tard !!

5

L'histoire des hommes a abouti à faire affronter matériel et spirituel.

Le qualificatif matériel est connoté rustre, alimentaire, manuel, dénué de générosité etc..

Le qualificatif spirituel est connoté supérieur, intelligent, intellectuel, élevé etc..

Le spirituel est réputé immatériel.
Il échapperait ainsi aux contraintes matérielles.

Le divin appartient au domaine du spirituel.

Mais le « divin » ne se prive pas de dicter le matériel et veut organiser la société.

Au nom du « divin » combien d'êtres humains sont morts ?

La matérialité de la pensée mise en évidence depuis plusieurs années par les scientifiques n'enlève rien à ses qualités. Les pensées font des débuts d'action qui se succèdent et permettent d'aboutir à une décision en faisant l'économie de temps et d'énergie qu'auraient nécessité les déroulements complets de ces actions. Elle permet aussi à l'homme de toujours chercher à s'élever et à s'améliorer.

La fin des tabous liberticides et mortifères est à bonne portée.

On peut sans souci appelé « esprit » ce qui élève l'homme et est constitué de pensées.

En revanche les esprits immatériels qu'ils soient « frappeurs » ou courroies de transmission majeures des religions n'ont pas d'existence au grand dam des « organisateurs » de sociétés et surtout des « avides » de pouvoir qui utilisent cette pseudo-spiritualité pour dominer les hommes.

Les pensées matérielles n'entament en rien la spiritualité si le sens donné est d'utiliser les pensées pour progresser plus rapidement vers une situation humaine améliorée. Leur grandeur et beauté ne sont pas touchées. Le langage oral et écrit est tellement beau, tellement riche en construction qu'il faut continuer à le développer comme cela se fait chaque jour.

Même un Dieu personnel n'est pas en cause. Notre difficulté à tous de comprendre les aléas de la vie et ceux de la mort qui peuvent causer tant de peines et de douleurs ne peut que nous demander de laisser en paix ceux qui réussissent à trouver pommades et onguents.

En revanche ce sont les dieux institutionnels inventés pour soumettre une population au joug de quelques personnalités perverses et avides de puissance qui sont visés car au travers de ces soi-disant dieux c'est toute une armée de « structures immatérielles maniant la punition et le châtiment » qui est en réalité à l'œuvre sous l'épée inhumaine des « seigneurs ».

Parmi les questionnements importants des hommes il y a celui de savoir comment connaître le futur. La « bascule passé-futur » se fait grâce aux propriétés du système nerveux qui fonctionne toujours en réseaux et associations. Chaque neurone est connecté à des centaines de milliers d'autres neurones. L'exemple le plus concret se trouve au niveau de deux « centres » situés dans l'aire du langage. L'un est nommé « phonétique » et l'autre « sémantique ». Un neurochirurgien qui doit faire une intervention minutieuse dans cette aire du langage la fera sur patient éveillé (rassurez-vous ce n'est pas douloureux) pour bien se repérer (et ne pas léser involontairement des neurones). Lorsqu'il atteint le « centre phonétique » il produit une légère stimulation et demande au patient de lui énumérer des mots proches de « chapeau » par exemple. Si le patient dit « chameau, château , drapeau etc... » c'est bien le centre phonétique qui travaille car à l'oreille ces mots ont une ressemblance. En revanche si le patient dit « béret, casquette, bonnet etc.. » c'est le centre sémantique qui est en question car les réponses ont toutes le même sens de « couvre-chef ».

Nous avons associé par exemple « les hirondelles volent bas » avec « orage ». Cela vient du fait que par temps d'orage les moustiques se trouvent dans les couches basses de l'atmosphère. Mais peu importe la raison ! Quand on voit des hirondelles voler bas on en déduit une prévision d'orage. Ces rapprochements sont très nombreux dans la vie courante et forgent notre aptitude à prévoir grâce aux associations que notre mémoire a enregistrées.

Des associations qui ont beaucoup servi nos ancêtres agriculteurs sont célèbres : l'emplacement des étoiles dans le ciel a permis de prévoir les crues du Nil aux anciens égyptiens puis les saisons à tous les agriculteurs. Dans des cycles annuels, une topographie particulière du ciel permet de reconnaître une saison ce qui est prévision d'une très grande importance pour les différentes opérations agricoles.

De ces associations célestes des « petits malins » ont profité pour utiliser (avec rémunération) le besoin qu'ont tous les hommes de prévoir leur futur : ils ont inventé l'astrologie qui génère encore au XXIème siècle des quantités importantes de transferts d'argent. L'astrologie est un dévoiement des observations du ciel qui, comme le montrent bien les astronomes, continue à utiliser les « profils stellaires » d'il y a plusieurs milliers d'années alors que la position des étoiles a changé au cours du temps...

L'escroquerie (le mot est sévère mais est juste je pense même s'il est exact que la volonté de nuire n'a pas été constante au cours des siècles) qui a consisté a utiliser notre mauvaise connaissance de la nature des pensées pour créer des esprits omniscients, omniprésents, redoutables et uniquement accessibles à des chamanes et autres « serviteurs » de ces esprits n'a pas fini culturellement d'avoir pignon sur rue. Les plus pauvres et les plus souffrants y trouvent un refuge ce qui se comprend aisément. Ce qui se comprend moins ce sont les tyrannies, les dictatures et les humiliations qui commandent au nom de ces esprits et religions. Comment penser que le monde est sous la coupe d'esprits omniscients et omnipuissants quand on voit tous les malheurs qu'une seule journée peut recevoir ?

6

Un vieil homme perdit un être cher. Sa peine fut immense et tous les jours il venait se recueillir sur la tombe. Quand suffisamment de temps fut écoulé pour que la terre soit tassée, il fit recouvrir le tombeau d'une dalle en marbre. Sur la dalle il posa une petite stèle sur laquelle il avait demandé au marbrier d'écrire « pensées éternelles ». Il resta plusieurs heures se recueillir en regardant la stèle.

La nuit suivante fut très agitée pour le vieil homme : il se réveillait toutes les heures en se demandant s'il avait eu raison de faire écrire « pensées éternelles ».

Était-ce un écriteau ou une pensée ?

A première vue, il s'agissait d'un écriteau rappelant qu'il avait et aurait des pensées éternelles pour cet être cher. Mais en réfléchissant on pouvait aussi considérer qu'il s'agissait de pensées inscrites sur du marbre. Le qualificatif « éternelles » appuyait la deuxième possibilité puisqu'il savait bien que ses propres pensées étaient éphémères ; il savait bien que malgré sa grande tristesse il était obligé, au moins temporairement, de penser à regarder la route pour conduire sa voiture, de penser à regarder quels aliments il achèterait pour se nourrir et puis, le vieil homme savait bien qu'un jour à son tour il mourrait et n'aurait alors plus de pensées pour son être cher.

Les pensées de son cerveau étaient liées à la vie

tandis que les « pensées éternelles » resteraient aussi longtemps que le marbre ne serait pas désagrégé, c'est à dire presque éternellement. Cette deuxième possibilité lui apparut bientôt tellement claire et évidente qu'il attribua pour toujours, dans sa tête, la dénomination « pensées » à l'écriteau.

Un ami du vieil homme, qui habitait loin du village, vint un jour à passer. Il se recueillit sur la tombe puis alla voir le vieil homme. Il lui fit part de sa colère car l'inscription lui semblait mensongère.

« Tu aurais pu mettre « regrets éternels », ou une autre inscription mais la dénomination « pensées éternelles » ne convient pas. Une inscription est matérielle, c'est une gravure dans du marbre alors qu'une pensée est immatérielle. A moins que tu utilises la métonymie !! »

Le vieil homme aimait bien son ami mais n'aima pas sa remarque. Il ne voyait pas pourquoi l'écriture ne pouvait pas être une pensée. Il n'avait fait que faire écrire par le marbrier ce que sa tête exprimait et la lecture de l'inscription évoquait pour toujours l'expression de sa peine. Il s'agissait bien de pensées.

Il avait bien songé un moment à mettre « regrets éternels », comme son ami lui conseillait, mais il trouvait que cette inscription aurait pu ouvrir des doutes chez le lecteur. Lui y aurait lu « j'ai des regrets pour ton absence » mais un autre lecteur aurait pu comprendre « j'ai des regrets de ne pas avoir fait le nécessaire pour éviter ta mort ». A la mort d'un être aimé il y a toujours de la culpabilité qui est proportionnelle, le plus souvent, à l'amour porté.

Il regarda dans le dictionnaire ce que voulait dire « métonymie » et lut : « utiliser le nom du contenant pour désigner le contenu ; exemple : on boit un verre d'eau ; on met dix litres d'essence dans le réservoir de sa voiture. Il s'agissait donc de la désignation d'une contraction de langage. Pour le cas présent cela aurait signifié une confusion entre la « pensée » et le « contenant de la pensée » c'est à dire les deux mots gravés dans le marbre.

On peut toucher les cavités formées par le marbrier pour écrire les mots ce qui donne à ces derniers une matérialité alors que la pensée est réputée immatérielle. Le vieil homme songea que cette matérialité était bien particulière : quand on ne lisait pas l'inscription la pensée n'était pas présente et il songea aux objets quantiques qui changent, disent les physiciens, de matérialité sous l'effet de l'observation. Mais surtout il songea que seules les personnes qui savaient lire le français pouvaient accéder à cette pensée donnant à ces « initiés alphabètes » une sorte de pouvoir magique consistant à faire un va-et-vient entre matérialité et immatérialité.

Une phrase de l'ancien président, François Mitterrand lui revint en mémoire : « je crois aux forces de l'esprit ». Cette phrase était bien ambiguë (comme savait parfois être l'ancien président) pensa-t-il : soit l'esprit peut avoir une force (exprimée en newtons correspondant à une énergie exprimée en joules ou à la rigueur en calories) et alors l'esprit est matériel ; soit la phrase est une formule littéraire signifiant que les mots ont la capacité d'intervenir sur les événements matériels à condition qu'ils soient compris puis qu'une action matérielle soit entreprise en réponse à leur audition.

La présence d'une personne réceptrice « initiée » est là aussi nécessaire. L'initiation (qui consiste tout simplement à apprendre à lire), donnerait donc un pouvoir immense de voyage entre le matériel et le spirituel.

Quel est l'endroit où la magie opère : l'écriture elle-même ou la lecture de l'écriture ?

Cependant pour ne pas se fâcher avec son ami, il demanda au marbrier de changer la petite stèle. Il lui demanda d'inscrire uniquement les deux initiales : « P E ». Ainsi lui-même saurait très bien que l'inscription était une pensée mais pas les autres visiteurs et notamment pas son ami qui serait ainsi moins courroucé.

L'ami vint à passer le mois suivant et sa colère augmenta au lieu de diminuer.

« J'ai très bien vu qu'il s'agissait des initiales de « pensées éternelles ». Le fait de ne pas écrire les mots en entier ne fait qu'augmenter l'ambiguïté ; je te dis à nouveau qu'il s'agit d'une inscription et non pas de pensées. »

Et l'ami s'en alla.

Plusieurs mois plus tard, l'ami mourut et le vieil homme eut bien de la peine de ne pas s'être réconcilié avec lui avant sa mort.

L'inscription et le sens « d'éternité » qu'il voulait donner à ses pensées continua de hanter ses nuits. La déclaration de son ami et sa fâcherie donnaient une coloration bien triste à la stèle.
Toutefois l'important se disait le vieil homme n'est-il pas dans ce que moi j'ai désiré faire ?
L'inscription « P E » est pour moi une pensée ; elle a une signification qui n'est pas accessible par la matière, sa signification est « intellectuelle, mentale, abstraite, spirituelle, immatérielle » bref, sa signification lui fait acquérir le droit d'être une pensée ; pour moi elle est donc une pensée.

Toutefois, comme ses nuits de cauchemars continuaient de le fatiguer il décida de demander au marbrier de modifier encore une fois l'inscription de la stèle. Il lui fit mettre deux points. Uniquement deux points remplaçant les deux lettres (P et E) sur la plaque de marbre.
Quand il voulut le payer, le marbrier refusa.
« Vous m'avez donné un salaire pour écrire « pensées éternelles » ; vous m'en avez donné un autre pour écrire « PE » mais cette fois, avec mon poinçon, cela a duré deux secondes donc je ne veux pas de salaire. »

Les autres habitants du village en furent informés et comme ils étaient pingres, ils décidèrent que désormais on mettrait deux points sur toutes les nouvelles stèles du cimetière. Le marbrier n'eut plus aucun salaire et se suicida. Sur sa tombe il fut déposé une stèle portant juste deux points.

Plus tard, dans ce village et dans tous les villages environnants toutes les tombes furent recouvertes de stèles avec comme seule inscription deux points réalisés à la hâte au poinçon.

Le vieil homme lui-même eut ce tombeau.

Tout le monde voyait dans ces deux points un souvenir de la mort. Certains, les plus anciens (ou les plus jeunes, je ne sais plus), y virent même une pensée.

www.ingramcontent.com/pod-product-compliance
Lightning Source LLC
Chambersburg PA
CBHW030057230526
45471CB00003B/1134